AF593150

Considérations

GÉNÉRALES

SUR LES RACES ÉQUESTRES

ET SUR LA RACE BOVINE

dans le Département du Finistère.

CONSIDÉRATIONS
GÉNÉRALES
SUR LES RACES ÉQUESTRES
ET SUR LA RACE BOVINE
dans le Département du Finistère,

ET SUR

LES MOYENS A METTRE EN USAGE POUR AMÉLIORER LEURS RACES;

MÉMOIRE

LU A LA SOCIÉTÉ D'AGRICULTURE
DE L'ARRONDISSEMENT DE MORLAIX,
DANS SA SÉANCE DU 18 FÉVRIER 1837,

PAR

J.-M. ÉLÉOUET,

MÉDECIN VÉTÉRINAIRE DE L'ARRONDISSEMENT DE MORLAIX.

> La première richesse d'une nation consistant dans la possession des animaux domestiques, c'est vers l'amélioration et la multiplication de leurs races, que doivent tendre tous nos efforts.

MORLAIX, IMPRIMERIE DE LÉDAN. — 1837.

du Morbihan, au Nord par la Manche, à l'Ouest et au Sud par le grand Océan atlantique. Son sol offre une grande variété, suivant le lieu où on l'examine; il est gras ou sablonneux sur les côtes, maigre, aride et graveleux sur les montagnes.

Les montagnes qui le traversent, sont d'une médiocre hauteur; elles y forment deux chaînes principales, dont la plus haute, appelée montagne d'Aré, s'étend dans la direction d'Ouest-Nord-Ouest, puis prenant celle d'Ouest-Sud-Ouest, va se terminer à la rade de Brest. La moins haute, désignée sous le nom de Montagnes-Noires, se trouve située au Sud et s'étend depuis Rostrenen (Côtes-du-Nord) dans la direction de l'Est à l'Ouest, et va de son extrémité former la langue de terre qui sépare la rade de Brest de celle de Douarnénez. Outre ces deux chaînes, le département du Finistère offre un terrain montueux, traversé dans toutes les directions par un grand nombre de ruisseaux et de rivières, qui prennent leur source au pied des montagnes et vont se jeter dans la mer. Ces rivières coulent dans des ravins d'autant plus profonds, qu'elles s'approchent de leur embouchure.

La température est des plus variables dans ce département, quoique le chaud et le froid s'y fassent moins sentir que dans les départemens intérieurs placés au même degré de latitude; l'atmosphère y est presque toujours brumeuse, pluvieuse, ce qui rend son terrain très-humide.

ÉTAT DE L'AGRICULTURE
DANS CE DÉPARTEMENT.

Quoique depuis plusieurs années, des hommes éclairés et dévoués à leur pays, se soient uniquement occupés du perfectionnement de la science agricole dans le département du Finistère, on est cependant forcé de convenir qu'elle est encore loin d'atteindre le degré qu'elle a acquis dans plusieurs autres départemens.... Mais, à quoi devons-nous attribuer cette obstination de nos paysans Bas-Bretons à suivre une routine aveugle et toujours dangéreuse, au lieu d'adopter une méthode raisonnée, méthode qui repose sur une bonne théorie et qui seule peut les guider dans leur pratique? Interrogez-les, et ils vous répondront que vous voulez être plus savant que les anciens; qu'autrefois on ne suivait pas les moyens que vous préconisez, et cependant on vivait aussi bien alors qu'aujourd'hui. Démontrez-leur par un bon raisonnement, qu'ils suivent une route vicieuse, et ils vous répondront encore qu'ils mettent en pratique la méthode à eux enseignée par leurs pères; qu'ils trouvent cette méthode préférable à la vôtre: ainsi, pourquoi voulez-vous qu'ils la changent?... Ce sont de tels préjugés que l'on a à combattre, et tandis que l'ignorance prédominera dans nos campagnes, on ne parviendra pas à les détruire. Cependant, l'exemple peut beaucoup, et pour cet effet, nous ne pouvons qu'applaudir aux efforts continuels de ces hommes qu'aucun obstacle ne décourage, et qui continuent à persévérer dans une bonne voie d'amélioration, en démontrant, par une bonne pratique, que la théorie n'est pas un vain mot, et que le système actuel offre des avantages incontestables sur les système ancien.

Jetez les yeux sur le littoral de ce département, vous verrez que le cultivateur sait tirer parti de tout: ses fossés (1) sont élevés avec élégance; ses champs sont labourés avec le plus grand soin; son habitation est simple, mais propre : tout dénote chez lui l'aisance, fruit de son aptitude au travail. L'exemple de son voisin et son instinct naturel le portent à ne pas négliger ses propres intérêts; c'est pourquoi l'habitant des côtes sera toujours avide d'un perfectionnement qu'il sait être sa richesse.... Parcourez ses champs : ici vous verrez des plantes céréales, là des légumineuses, plus loin, des prairies naturelles, qui fournissent aux animaux domestiques un aliment substantiel et de première qualité; aussi les animaux qu'on y élève se développent-ils avec une rapidité étonnante : tout porte en eux le cachet de la civilisation et les progrès de l'agriculture. En admirant ces champs si riches, cette activité des laboureurs Bas-Bretons, on est forcé à se demander ce que peuvent de tels hommes, si une bonne théorie

(1) On appelle fossés, en Basse-Bretagne, des espèces de talus formés de pierres et de terre, et qui servent de clôtures aux champs.

vient un jour les éclairer et les faire renoncer à jamais à leurs œuvres routinières!....

Quittons à regret le pays enchanteur du bord de nos côtes et pénétrons plus avant dans l'intérieur des terres : ici, tout change de face. Autant que la vue peut s'étendre, on ne voit que des terrains incultes, des landes, des jachères et des bruyères immenses; le sol est partout nu, aride, et si quelques champs labourés viennent frapper nos regards, le nombre en est si petit, qu'on pourrait croire à leur non existence..... et cependant, pour opérer un pareil désenchantement, il n'a suffi que d'une distance de quelques lieues!.... Rien ne ressemble moins au laboureur des côtes que celui des montagnes; ces deux hommes n'ont rien qui les rapproche: si le premier se livre uniquement aux travaux des champs, au perfectionnement, à la multiplication et à l'amélioration de ses animaux domestiques, le second y est pour ainsi dire étranger; son industrie à lui, est le maquignonage, car il est trafiqueur de bœufs et de chevaux, et le tems précieux qu'il perd à parcourir les foires et les marchés est un tems inutile et tout-à-fait perdu pour l'agriculture. Le délabrement et la négligence de ses terres ne sont pas les seules choses que l'on remarque chez le montagnard.... Pénétrez dans son habitation, tout y est sale, malpropre; tout dénote enfin que le chef est un homme peu soucieux de son bien-être; aussi ses animaux, qui sont logés dans des écuries et des étables peu spacieuses, basses, peu aérées, tenues sales par la grande quantité de fumier qui y séjourne pendant plusieurs mois, sont-ils chétifs et de peu de valeur.... Il a autre chose à faire que de s'occuper de son intérieur : sa principale occupation est de songer à la somme qu'il doit gagner à la prochaine foire, en trafiquant et en échangeant ses animaux tarés.

Nous avons dit plus haut que des personnes instruites se sont réunies dans le but de faire marcher notre agriculture sur le même pied que celle des autres départemens. C'est dans cette vue que des sociétés d'agriculture ont été formées dans chaque chef-lieu de sous-préfecture, et que bientôt, à l'imitation de nos voisins, des comités agricoles seront créés dans chaque canton, et peut-être même dans chaque commune. Nous aimons à rendre hommage à ces hommes éclairés, qui, jaloux de contribuer au bien-être de leur pays, ne se rebuttent pas des obstacles qu'ils ont à surmonter; nous voulons parler des préjugés et l'on sait que ce ne sont pas choses faciles à détruire; nous aimons cependant à croire que leurs efforts ne seront pas toujours impuissants, secondés comme ils le sont par des administrateurs éclairés, et qu'un jour ils auront la douce satisfaction de voir leur œuvre couronnée d'un éclatant succès.

Notre Conseil-Général, nonplus que l'homme profond qui se trouve placé à la tête de notre département, n'ont pas voulu rester en arrière de ce qui se fait d'utile dans presque tous les départemens voisins ; pour cet effet, quatre bourses ont été votées pour des élèves agriculteurs à l'institution agricole de Braventec, tenue par l'honorable M. Félix.

Trois choses manquaient à l'instruction de ces élèves ; c'étaient : 1° la connaissance des beautés et des défectuosités extérieures chez les animaux domestiques ; 2° un précis d'un cours d'éducation, et 3° un précis d'un cours d'hygiène. Cette lacune dans leur instruction ayant été reconnue, une personne honorable et savante à la fois s'est proposée de leur professer gratuitement le cours d'extérieur ; par une diction facile, une méthode claire et précise, elle a su inculquer en peu de leçons dans l'esprit de ces élèves les premiers principes d'une science qui ne laisse pas que d'être très-aride, surtout pour des jeunes gens qui ne possèdent aucune notion sur l'art vétérinaire.

Le dévouement désintéressé de M. le Capitaine de la remonte ne pouvait pas manquer de porter ses fruits. Jaloux aussi de contribuer pour notre part à une œuvre aussi méritoire, nous avions formé le projet de nous joindre à M. le capitaine Pelletier, pour l'aider de nos faibles lumières ; mais le déplacement de M. Félix est venu renverser ce que nous avions pris tant à cœur d'accomplir. Que les jeunes élèves agriculteurs se rassurent cependant, les notions sur l'art vétérinaire leur seront encore enseignées; car nous avons résolu de contribuer à leur instruction (quoiqu'indirectement il est vrai), en rédigeant des cours manuscrits que nous nous proposons de remettre entre les mains de leur digne chef.

Après avoir jeté un coup d'œil rapide sur la position statistique du département du Finistère et sur l'état de son agriculture, il nous reste à nous occuper des principaux animaux qu'on y élève.

RACE ÉQUESTRE.

Le département du Finistère compte trois principales races équestres. La première, forte, est propre au service du trait; la deuxième, svelte et légère, est propre au service de la selle; enfin une troisième petite et de peu de valeur (1).

CARACTÈRES DE LA RACE ÉQUESTRE FORTE.

La race équestre forte présente les caractères suivans : taille de 4 pieds 6-9 pouces, sous potence, chanfrein camus, ou droit, tête carrée et un peu lourde; encolure courte, épaisse et chargée le plus souvent d'une double crinière, garrot peu développé et charnu; épaules grosses et peu inclinées;

(1) Cette troisième race est la race Ouessantine; nous n'en parlerons pas ici, parce qu'elle offre trop peu d'intérêt pour qu'on puisse s'en occuper d'une manière spéciale.

corps arrondi, croupe tantôt arrondie, quelquefois large, avalée et séparée en deux par un sillon médian très-profond, queue forte, placée bas et garnie de longs crins; jarret large; tendons peu détachés; boulets garnis de longs poils; pied grand, évasé, le plus ordinairement plat.

Cette race est moins belle que la race normande; mais elle est plus dure et résiste mieux à la fatigue; elle supporte mieux aussi les intempéries de l'atmosphère et les longues abstinences. Les chevaux de cette race ont la réputation, comme le dit fort bien M. Grognier, professeur à l'école vétérinaire de Lyon, de *faire par force ce que les autres font par souplesse;* ils sont réputés les meilleurs de France, particulièrement pour le roulage accéléré, et pour cet effet, ils sont utilisés pour le service des postes, des messageries, et pour le service de l'artillerie légère.

Cette race fournit encore aujourd'hui à la Normandie, et c'est ce qui fait le malheur de notre pays, comme nous nous proposons de le démontrer plus tard [A], une assez grande quantité de poulains de trait et d'autres plus légers; ces poulains sont élevés dans les paturages de la Normandie jusqu'à l'âge de 4 ans, puis ils sont châtrés et vendus ensuite comme chevaux normands; une partie est destinée pour la cavalerie et le train d'artillerie, et l'autre partie pour le service des postes, des diligences, et pour être attelés aux voitures publiques des grandes villes. Que l'on ne s'étonne donc plus de ce que l'on ne trouve pas de chevaux propres pour la cavalerie dans le département du Finistère, puisque les jeunes mâles sont vendus à l'âge de 6 à 18 mois, et qu'ils sont menés dans la Normandie.

Les Normands trouvant un prompt débit de ces chevaux, et ayant par conséquent un bénéfice certain, s'empressent, au détriment de nos cultivateurs, de s'emparer d'une branche aussi importante de notre industrie. Ce sont eux qui profitent, et cependant si nos cultivateurs entendaient leurs propres intérêts, ils imiteraient les Normands, en gardant leurs poulains et en les élevant jusqu'à l'âge de 4 ans, époque à laquelle ils pourraient les vendre pour le service militaire. Les poulains bretons ne sont pas seulement menés dans la Normandie; le Perche en élève aussi un grand nombre. Ces poulains y sont élevés jusqu'à l'âge de 3 ans, puis ils sont ensuite vendus comme chevaux percherons, c'est-à-dire comme appartanant à la race qu'on élève dans cette contrée. Les marchands du Poitou retirent aussi un grand nombre de jumens de cette race, qu'ils viennent acheter dans les arrondissemens de Morlaix et de Brest; ces jumens sont conduites dans le midi de la France; une partie est employée comme jumens mulassières, l'autre partie comme jumens de labour et d'attelage. On aura peut-être de la peine à croire que le nombre de chevaux qu'on retire annuellement de ces deux arrondissemens, s'élève au chiffre énorme de 12,000 bêtes environ.

La race équestre forte se rencontre sur tout le littoral du département, et particulièrement pour l'arrondissement de Morlaix, dans les cantons de Morlaix, Lanmeur, Taulé, Saint-Pol-de-Léon, Plouescat et Plouzévédé ; pour l'arrondissement de Brest, dans les cantons de Brest, Lesneven, Lannilis, Ploudalmezeau, Saint-Renan et Landerneau ; pour l'arrondissement de Quimper, dans le canton de Briec (1).

Nous nous bornerons, pour le moment, à faire connaître qu'il n'est point de chevaux dont le débit soit plus assuré, à cause de l'extension toujours croissante du roulage rapide, pour le transport des marchandises comme pour celui des voyageurs.

CARACTÈRES DE LA RACE ÉQUESTRE LÉGÈRE.

La race équestre légère, connue encore sous le nom de *doubles bidets* de Bretagne, et surnommée les *Cosaques de la France*, par M. De La Roche-Aimon, ont pour caractères essentiels d'avoir taille de 4 pieds 4 à 7 pouces sous potence, tête camuse ou droite, un peu grosse inférieurement, ordinairement plaquée, encolure droite, garrot peu developpé, épaules sèches, corps arrondi, court et ra-

(1) Il n'y a que les femelles de cette race qui y sont conservées ; les mâles sont vendus à des marchands étrangers et à quelques cultivateurs de Saint-Thégonnec, Guiclan, etc.

massé, membres forts, croupe arrondie et un peu avalée, jarret large et bien evidé, boulet peu fourni de crins, pied bien conformé.

Cette race se rencontre dans les pays intérieurs du département du Finistère, c'est à dire sur les montagnes d'Aré, les montagnes-Noires et les pays voisins. Elle est particulièrement élevée aux environs de Carhaix, Quimper et Quimperlé, où l'on conserve les femelles. Les mâles de cette race sont achetés à l'âge de 6 à 18 mois par les cultivateurs de *Plounéour-Ménez*, *Pleiber-Christ*, *St.-Thégonnec*, *Guiclan*, *Sizun*, *Guimillau*, *etc.*, qui les élèvent jusqu'à l'âge de 4 et 5 ans, et les revendent ensuite aux marchands qui visitent nos foires. Jusqu'à cet âge ils sont utilisés, ou comme chevaux de selle, ou attelés à de petites charrettes pour le transport des marchandises d'un lieu dans un autre, ou enfin attelés à la charrue de concert avec les bêtes bovines.

Les chevaux de cette race se distinguent par l'énergie, l'aptitude à de grandes abstinences et à la force de résistance aux intempéries des saisons. La bonté des races équestres bretonnes ne peut être contestée, dit M. Grognier. Veut-on un exemple bien frappant de leurs bonnes qualités? Le voici : Il est bien reconnu que les remontes bretonnes, soit de selle, soit de trait, presque seules sont restées debout dans les grandes catastrophes de Russie. M. Grognier tend à croire que le sang tartare a coulé dans la race des chevaux de selle bretons (doubles bidets) (1).

CARACTÈRES DE LA RACE BOVINE BRETONNE.

Les cultivateurs du département du Finistère ne se bornent pas seulement à l'élève des races équestres ; ils se livrent aussi à l'étude d'une race bovine d'une dimension petite, il est vrai, mais très-estimée pour l'excellent beurre que fournit son lait.

En examinant d'une manière superficielle les bêtes bovines de ce département, on est porté à croire, au premier abord, qu'il s'y trouve deux races distinctes : l'une appartenant au littoral, l'autre appartenant au pays des montagnes ; cependant, par un examen plus attentif, il est facile de se convaincre que c'est toujours la même race ; que la seule différence qui existe entre ces animaux, c'est que l'un a été élevé sur le littoral, et par cela, qu'il a été nourri dans des paturages, où l'herbe est aqueuse et abondante ; l'autre, au contraire, a la taille plus petite, parce qu'il est condamné à errer pendant une grande partie de l'année sur les montagnes, sur un terrain inculte, dans des landes immenses où la végétation est pauvre, chétive et peu substantielle. Il est facile de dé-

(1) Nous croyons au contraire qu'elle provient de la race africaine.

montrer par une expérience toute simple, que c'est la nature du terrain, la qualité et l'abondance des alimens dont ils font leur nourriture habituelle, qui influent sur leur accroissement. Qu'on transporte du littoral dans les montagnes un petit provenant d'un père et d'une mère d'une taille élevée, eh bien, cet animal, qui serait devenu beau sur le littoral, restera petit et faible sur les montagnes. Qu'on transporte au contraire, un petit des montagnes sur le littoral, qu'on le place sur un terrain où il trouvera une nourriture abondante et succulente à la fois, et l'on verra sa taille s'élever, ses formes se développer, et il prendra en tout les caractères des animaux qu'on y élève habituellement.

Les caractères de la race bovine bretonne sont ceux-ci : taille petite sur les montagnes, plus élevée sur le littoral, poids commun de 300 à 500 livres; quelquefois d'un rouge clair, pelage, le plus souvent composé de blanc et de noir, ou de rouge et de blanc; tête menue, encolure grêle, cornes fort longues, d'un blanc sale ou d'un blanc jaunâtre à la base, d'un beau noir luisant à leurs pointes, corps court et ramassé, jambes grêles et menues.

Les plus belles vaches laitières de ce département se trouvent sur le littoral; les plus beaux bœufs se trouvent dans l'intérieur des terres où on les attèle par paire soit à la charrue, soit à de petites charrettes pour le transport des marchandises et des engrais que les montagnards viennent prendre sur les bords de la mer.

La race bovine bretonne n'est estimée que pour l'excellent beurre qu'elle fournit; quant à ses autres produits, ils sont de peu de valeur. Elle donne peu de cuir et de suif; elle s'engraisse facilement; mais sa chair, peu estimée, ne se vend, pour ainsi dire, que dans le pays. Elle sert aux fournitures de la marine, et est en petite partie employée dans les pâturages de la Normandie. Quelques individus sont vendus à des anglais des îles de Guernesey et Jersey, et peu ou point pour la consommation de Paris.

PÉNURIE ET CHÉTIVITÉ DU BÉTAIL EN BRETAGNE ET EN FRANCE.

On ne peut nier que la pénurie du bétail en Basse-Bretagne ne se fasse déjà sentir. La race équestre de trait se dégrade d'une manière sensible; il n'était pas rare, il n'y a que quelques années, de rencontrer dans nos plus petites foires, des chevaux et des jumens d'une valeur de 6 et 700 francs. Maintenant que l'on visite toutes les foires qui se tiennent dans notre département, et l'on pourra se convaincre que très-peu valent cette somme. Le département du Finistère pouvait autrefois se suffire à lui-même; il n'avait pas besoin de recourir aux pays étrangers pour soutenir et améliorer ses races. Les beaux étalons y étaient très-nombreux ainsi que les belles mères poulinières. Maintenant il ne s'y trouve, pour ainsi dire, que des animaux tarés et de peu de valeur (1). Mais qui devons-nous accuser?.... Les éleveurs qui, par un intérêt mal entendu et que nous ne pouvons pas bien comprendre, occasionnent une disette absolue de nos beaux étalons, en les vendant encore poulains à des marchands étrangers qui en font leur profit au détriment de notre pays (2). [B]

---

(1) Nous ne pouvons pas admettre qu'une race soit améliorée dans une contrée, lorsque sur une bonne bête, on en compte cent de mauvaises. C'est cependant là l'état déplorable auquel sont réduits les animaux dans notre département.

(2) On nous a dit, en parlant de la vente des poulains de la race équestre forte, qu'il est indifférent que celle-ci ait lieu plutôt ou plus tard, puisqu'on trouve ces chevaux dans la Normandie et dans le Perche. Nous savons qu'il importe peu pour la France en général; mais, suivant nous, il importe beaucoup pour notre département en particulier. Quel est, terme moyen, le prix de la vente des poulains de la race équestre forte dans le département du Finistère? De 100 à 120 fr. Quel serait, terme moyen aussi, la vente de ces chevaux, si on les gardait jusqu'à l'âge de 4 ans? De 4 à 500 fr. La perte qu'éprouve notre département est donc immense.

On nous a dit aussi qu'il y a peu de pays qui soient aussi riches en juments que notre département; mais pourquoi ne l'est-il pas aussi en chevaux? On nous répond que ce qui en est cause, c'est que sur le littoral on ne conserve que les mères poulinières et les pouliches, tandis que les mâles sont vendus, parce qu'ils ne peuvent être élevés sans danger dans ces contrées. Nous sommes parfaitement d'accord sur ce point; mais qu'on nous réponde s'il n'existe pas dans le département plusieurs communes où l'on n'élève que des chevaux entiers? Les communes de *Pleïber-Christ*, *Guiclan*, *Saint-Thégonnec*, etc., etc, ne se trouvent-elles pas dans ce cas? Ne serait-il pas plus profitable, tant pour les cultivateurs que pour notre département, qu'ils se livrassent à l'élève des poulains de la race équestre forte, plutôt que de se livrer uniquement à l'élève de la race équestre légère (doubles bidets)? Comme dans ces communes, il n'existe aucune jument, les cultivateurs se voient dans la nécessité d'aller ailleurs chercher des chevaux qui soient en rapport avec les services dont ils éprouvent les besoins, et ils donnent la préférence à la race équestre légère... Ces chevaux, ils les élèvent

Avouerons-nous l'état déplorable dans lequel se trouve réduit notre bétail?... Oui, nous le devons; car en commençant ce Mémoire, nous nous sommes imposé l'obligation d'être franc et de dévoiler tout ce qui se commet de vicieux dans la manière d'élever et de propager nos différentes races d'animaux domestiques. Veut-on pour preuve de la pénurie et de la chétivité de nos étalons un exemple bien frappant? Le voici : Le Conseil-Général, dans une de ses sessions, avait voté des primes pour les meilleurs étalons de 5, 4 et 3 ans. Ces primes ont été distribuées dans l'arrondissement de Morlaix, le 15

(comme nous l'avons déjà dit) jusqu'à l'âge de quatre ans, puis ils les vendent ensuite pour la somme modique de 150 à 200 francs. Il n'en serait pas de même s'ils élevaient les poulains de la race équestre forte. Ceux-ci ne réclament pas plus de soin ni une plus grande dépense que ceux de la race équestre légère, et ils ont l'avantage, à l'âge de quatre ans, de valoir le double et quelque fois plus que le prix moyen de ces derniers. Cette vérité est déjà constatée par un petit nombre de cultivateurs de St.-Thégonnec et de Guiclan, qui reconnaissent l'avantage de se livrer à l'élève des chevaux de la race équestre forte (1).

On se plaint que les marchands de chevaux entiers ne visitent presque plus nos foires; mais pourquoi ne le font-il pas? parce qu'ils ne trouvent pas de chevaux qui puissent leur convenir. Gardez un grand nombre de beaux poulains (nous ne dirons pas qu'il faille les garder tous, car ce serait vouloir l'impossible); élevez-les jusqu'à l'âge de 4 ans, vous verrez comme par le passé ces marchands en aussi grand nombre dans nos foires que les marchands de jumens. Vous y verrez aussi les maître de postes, les entrepreneurs de messageries et les officiers de remonte, qui vous donneront la préférence sur la Normandie; car il est bien reconnu maintenant qu'un bon cheval breton vaut mieux qu'un cheval normand.

En adoptant ce que nous proposons, l'on pourra dire avec vérité, en parlant de notre département, qu'il est riche en très-bonnes jumens et aussi en très-bons chevaux.

(1) *M. le capitaine Pelletier vient d'acheter deux chevaux de cette race, pour la somme de 1400 francs.*

octobre dernier, jour de la Foire-Haute, et dans l'ordre suivant :

Une prime de 150 fr. au plus bel étalon de trait de l'âge de 5 ans; quatre primes de 100 fr. aux quatre plus beaux étalons de l'âge de quatre ans.

Une prime de 50 fr.
Une prime de 40 fr.
Et trois primes de 30 fr. } aux cinq plus beaux étalons de l'âge de 3 ans.

Eh bien ! croira-t-on que pour la distribution de ces primes, il ne s'est présenté au concours que trois chevaux de 5 ans, dix de quatre ans et trois seulement de trois ans?... Et encore, qu'étaient-ils, ces étalons? Des animaux manqués, tout-à-fait décousus, d'une conformation vicieuse et tarés.... Et c'est avec de pareils étalons que l'on veut maintenir et relever les races équestres bretonnes!.... Quels animaux produiront-ils? Des êtres manqués et décousus, semblables à eux.... Nous le demandons : y avait-il un seul étalon de l'âge de trois et cinq ans qui méritât d'obtenir une récompense? Nous laissons à des personnes impartiales et justes le soin de résoudre cette question.

La pénurie et la chétivité du bétail ne se font pas seulement sentir dans le département du Finistère ; elles se remarquent aussi sur le bétail d'une grande partie de la France. La preuve qu'il n'y a rien de plus véridique que ce que nous avançons, c'est qu'il est reconnu que nous payons à l'étranger une somme annuelle de 55 millions de fr. pour l'importation du bétail dont nous éprouvons les besoins. Cette somme est répartie comme il suit : 24,000 chevaux, 40,000 bêtes bovines, 168,000 bêtes ovines et 150,000 porcs, plus les masses immenses de peaux tannées et brutes, les laines, etc., etc. Cependant, au lieu de payer une somme aussi immense à l'étranger, c'est nous qui devrions la recevoir et même la doubler, et pour cela il ne faudrait que multiplier les fourrages. Le déboursé d'une pareille somme a de quoi vraiment étonner, quand on examine le beau ciel et le sol si fertile de notre belle France ; mais toute surprise doit cesser quand on saura qu'il n'y a qu'un peu plus de la septième partie de notre territoire en prés et en paturages, tandis que le tiers du sol Britannique est consacré à la nourriture du bétail. Aussi quelle supériorité le bétail anglais n'offre-t-il pas sur le nôtre !... Ceci est reconnu : en voici la preuve. Les trois Royaumes-Unis, dit M. Grognier, sont en population et en territoire inférieurs à la France de plus d'un tiers : Voici néanmoins la proportion du bétail dans les deux pays, d'après des documens statistiques accrédités :

France. — Bêtes bovines. .	6,682,000	
Grande-Bretagne.	10,500,000	
France. — Bêtes chevalines.	2,550,000	y compris les mulets qui y sont très-nombreux.
Grande-Bretagne.	1,900,000	les mulets y sont rares.
France. — Bêtes ovines.. .	35,200,000	
Grande-Bretagne.	44,100,000	
France. — Porcs.	4,000,000	
Grande-Bretagne.	5,250,000	

Et si à cette différence numérique, on ajoute celle de la qualité, on ne peut se faire une idée de l'immense supériorité des Anglais sur nous. Voici encore une autre preuve. Il résulte des documens statistiques positifs, dit encore le même auteur, que la moyenne du poids net des bœufs de boucherie en Angleterre est de 554 livres, et en France de 350. Différence en faveur de l'Angleterre sur chaque bœuf, 204.

Les mêmes proportions existent à l'égard des veaux, des moutons, des agneaux consommés dans les deux pays.

Il résulte de recherches statistiques dignes de confiance, continue M. Grognier, qu'en France les habitans des villes consomment en viande, terme moyen, 60 livres par an; ceux des campagnes environ 20, tandis que chaque Anglais absorbe 220 livres de ce comestible chaque année. Aussi, quoique grands consommateurs de viande, les Anglais n'achètent point de bétail, et malgré notre sobriété en ce genre d'aliment, nous payons à l'étranger un tribut énorme pour l'approvisionnement de nos boucheries. Mais pourquoi ne ferions-nous pas en France, et même dans le département du Finistère, ce qui se fait d'utile en Angleterre, en Hollande et en Belgique, qui sont si riches par le nombre et la qualité de leur bétail? Pour cela, comme nous l'avons déjà dit, il ne faudrait que perfectionner les méthodes agricoles en perçant des routes de communication d'un endroit à l'autre, et en les entretenant en bon état ; en défrichant les terrains incultes, les landes etc., et en cultivant les terres. Il résulterait de là une abondance et une supériorité de fourrages tout aussi nécessaire à l'amélioration des races qu'à la multiplication des individus.

Qu'on se pénètre bien de la réponse de ce sage agronome à qui l'on demandait un jour quel était le moyen de s'enrichir promptement. C'est, répondit-il, en élevant, en multipliant, en améliorant les races de bétail et en les nourrissant bien. Cette réponse renferme la plus exacte vérité. Ce n'est que dans les contrées riches que se trouve le beau bétail, tandis que dans les pays pauvres le bétail est petit, faible, chétif et de peu de valeur.

M. Bonald a dit que les chevaux sont la première richesse d'une nation ; selon nous, dit M. Grognier, (et nous sommes parfaitement de son avis) ce sont les bœufs, du moins, en France.

Il nous est facile de le démontrer par des chiffres. Nous avons dit plus haut que le nombre des bêtes bovines en France était de 6,687,000 ; évaluant chaque tête à 180 fr. on a 1,202,760,000 fr. Par une bonne culture, le nombre pourrait en être triple, ce qui donnerait un capital de 3,608,280,000 fr.

Nous avons dit aussi que le nombre de chevaux ne se monte chez nous qu'à 2,550,000. Évaluant chaque cheval à 400 francs, ils ne valent que 1,020,000,000 francs. Dans la position de la France, ce pays si favorisé du ciel, le capital en bœufs doit être plus que le double de celui de tous les autres animaux domestiques réunis.

Qu'on se persuade une chose : si à la faveur d'une meilleure agriculture, les Anglais sont parvenus à améliorer et à augmenter leurs animaux domestiques, c'est aussi au moyen de ces animaux qu'ils ont eu plus d'engrais pour le perfectionnement de leur agriculture, non seulement pour la production du fourrage, mais encore pour celle de toute espèce de récolte.

Élevons donc la voix avec M. Grognier, pour proclamer que la pénurie et la chétivité du bétail sous le beau ciel de la France, est une honte et une calamité : faire cesser cet état est la plus belle mission que nous puissions remplir.

APPAREILLEMENT DES RACES BRETONNES.

La conservation des races de bétail en Basse-Bretagne dans son état d'intégrité ou d'amélioration, ne peut provenir que de deux causes : la première consiste dans le choix des individus que l'on emploie à la multiplication des espèces, et la deuxième dans les soins que l'on prodigue à ces individus après leur naissance. D'après cela, l'on voit que si on se relâche dans l'un ou l'autre de ces deux grands moyens, la race se dégradera, et elle ne pourra jamais s'améliorer, si elle est déjà dégradée.

Les avantages de l'amélioration sont incontestables. Avec une consommation modérée d'alimens on obtient souvent des produits très-avantageux, et par une amélioration croissante, la réputation de la race s'établit, et le prix du mâle de cette race est souvent porté à une taxe très-élevée, soit par l'achat que l'on fait, soit pour croiser d'autres races; c'est pourquoi l'on a vu des étalons de la race équestre rapporter en Angleterre la somme de 72,000 francs, et des béliers, dans la ferme royale de Rambouillet, être vendus 1500 francs.

L'appareillement, tel que nous l'entendons, est l'ensemble des formes et des qualités semblables ou non, mais toujours en harmonie que doivent avoir les mâles et les femelles destinés à s'unir pour la conservation et le perfectionnement d'une race. Si le mâle et la femelle appartiennent à des races différentes, leur alliance constitue le croisement.

Dans l'appareillement des deux individus que l'on destine à la reproduction, on doit considérer, 1° l'âge, 2° la santé, et 3° les formes et les qualités des individus.

DE L'AGE QUE DOIVENT AVOIR LES ANIMAUX QUE L'ON DESTINE A LA REPRODUCTION.

L'âge est ce laps de tems qui s'est écoulé depuis la naissance jusqu'au moment où on examine l'individu, ou, en d'autres termes, l'époque relative de l'existence des êtres ou la mesure de leur vie.

La vie se partage en plusieurs périodes : 1° l'enfance et la jeunesse, 2° l'âge adulte, et 3° la vieillesse et la caducité.

Pendant ces différentes phases de la vie, les fonctions sont plus ou moins modifiées ; mais en nous attachant à la génération, nous voyons que cette fonction est en quelque sorte latente dans l'enfance pour se développer dans la jeunesse et parvenir à son maximum dans l'âge adulte. A cette époque, il se fait une métamorphose générale dans tout leur être, et c'est alors que les animaux ont tous les attributs propres à leur sexe, qu'ils manifestent des désirs à l'acte de la génération, et que l'appareil générateur a une influence très-marquée sur les autres appareils.

L'envie de profiter de tous les avantages du moment, engage les propriétaires d'animaux à les employer trop jeunes à l'acte de la génération ; l'accroissement des femelles étant plus prompt que celui des mâles, il semblerait, au premier abord, qu'il n'y a aucun inconvénient à les employer à l'âge de deux ans. Cependant, en réfléchissant bien, il résulte des inconvéniens qu'on ne peut contester. Les femelles qui sont employées à cet âge à l'acte de la reproduction particulièrement dans la race équestre, n'ont pas encore acquis tout leur développement ; les organes génitaux qui ne se développent qu'en dernier lieu, exercent une influence défavorable sur leurs produits, influence qui ne peut être que difficilement effacée par le choix d'un mâle vigoureux et robuste, le petit étant resserré dans l'utérus, éprouve de la gène et se développe mal; puis au moment de la mise bas, il ne sortira que très difficilement. D'ailleurs, cet utérus, qui n'a pas acquis tout le développement qu'il doit avoir un jour, ne peut fournir au petit que peu de matériaux nutritifs; aussi celui-ci sera faible, chétif et moins développé qu'il ne le sera dans les portées suivantes. L'influence fâcheuse qu'exercent ces jeunes femelles sur leurs produits, n'a pas seulement lieu, ceux-ci étant encore dans le sein de leur mère; cette influence s'exerce encore après la naissance. Le petit se nourrira mal, parce que sa mère n'aura qu'une petite quantité de lait à lui donner, puis ensuite, les jeunes femelles étant naturellement chatouilleuses, repoussent leurs nourrissons lorsqu'ils veulent les approcher. Voilà pour les femelles. Quant aux mâles, on ne connait pas bien quel peut être le but des éleveurs à employer des mâles encore à l'adolescence, puisqu'il est reconnu qu'un seul suffit pour féconder plusieurs femelles. Ces jeunes animaux sont employés à la monte dans notre département à l'âge de 2 et 3 ans; à 4 ans ils sont déjà ruinés sur leurs membres postérieurs; c'est cependant ce que nous voyons journellement dans le département du Finistère. Nos jumens sont presque toutes pleines à 2 ans 1/2; à 4 ans elles ont déjà en deux poulains. Il en est de même pour les étalons. Des cultivateurs parcourent toutes les foires, depuis le commencement de janvier jusqu'à la fin de février, pour chercher des étalons de 2 ans; ces jeunes mâles, chez lesquels les organes génitaux ne sont pas encore developpés, saillissent autant de jumens qu'ils peuvent le faire : le nombre pour eux n'en est pas limité. Le propriétaire ne voit qu'une chose, c'est que chaque jument lui rapporte trois francs, et le pauvre étalon, devrait-il mourir de fatigue et d'épuisement, est condamné à saillir, et toujours saillir !...

D'après tout ce que nous venons de faire connaître, qu'on vienne encore nous prôner que tout, dans notre département va pour le mieux !... Nous ne craignons pas de pronostiquer que si bientôt on ne s'empresse de réprimer tous ces abus, notre bonne race équestre bretonne s'éteindra pour jamais. Si l'on veut relever cette race, on ne doit admettre pour les appareillemens que des étalons et des femelles dont le développement physique sera complet.

Les étalons de selle ne devront pas être employés à la reproduction avant l'âge de 6 ans, les jumens à 5 ans, les étalons de trait à 4 ans 1/2, les jumens à 3 ans 1/2. Quant à la race bovine, l'âge devra varier suivant la race que l'on veut maintenir, améliorer ou produire.

S'agit-il d'une race de travail? le taureau devra

avoir l'âge de 3 ans, la femelle 2 ans et demi ; s'agit-il d'une race de lait ou d'engraissement, le mâle devra avoir 2 ans et la femelle 18 mois.

On ne peut pas fixer au juste l'époque à laquelle il convient de réformer les étalons pour cause de vieillesse ; on pourrait peut-être s'en rapporter à cet égard à la nature, qui frappe de stérilité les mâles trop vieux, les rend incapables de copulation ou même éteint leurs désirs. M. Grognier cite un bel étalon anglais, qui, après l'âge de 20 ans, donnait encore de très-beaux extraits : on était obligé de le soulever pour le placer sur la jument.

DE LA SANTÉ, ET DES MALADIES HÉRÉDITAIRES.

On définit la santé l'exercice libre et facile des fonctions nécessaires au maintien d'une vie agréable et dégagée de souffrances.

La maladie est l'opposé et l'absence de la santé, c'est-à-dire l'altération notable et permanente d'une ou de plusieurs fonctions de l'économie animale.

Parmi toutes les causes qui peuvent altérer la santé des individus, et par la suite celle d'une espèce et même d'une race, on doit ranger la transmission des maladies héréditaires, c'est-à-dire, qui se transmettent par voie de génération. Une maladie est donc réputée héréditaire, quand elle passe des parens aux petits, soit que ceux-ci l'apportent en naissant, soit qu'ils n'en apportent que le germe et qu'ils n'en sont affectés que plus tard et à une certaine époque de leur vie. Nous nous bornerons à signaler seulement ici celles des maladies qui sont réputées comme telles. Ce sont : 1° le cornage, 2° la pousse, 3° la phthisie pulmonaire, 4° la mélanose, et 5° la fluxion périodique. Ainsi, tous les animaux, à quelque race qu'ils appartiennent, lorsqu'ils sont affectés de l'une ou de l'autre de ces maladies, doivent être rejetés comme impropres à l'acte de la génération. Cet acte de prudence n'est malheureusement pas observé dans notre département. Une jument devient-elle poussive? il faut bien vite lui faire prendre un poulain; un étalon est-il affecté de la pousse, de la fluxion périodique, etc., etc.? il n'en est pas moins employé à saillir un grand nombre de jumens, qui donneront naissance à des produits qui auront une prédisposition à contracter ces maladies.

DES DÉFAUTS TRANSMISSIBLES.

Outre les maladies que nous venons de signaler, il est encore des vices et des défauts transmissibles qu'il est bon de connaître. Nous mettons en première ligne les animaux rétifs et méchants, puis certaines habitudes vicieuses que l'on pourrait considérer comme organiques. Ces habitudes sont les penchans à l'avortement chez les vaches, les productions de certains monstres chez certaines jumens, et l'habitude de tiquer chez le cheval.

Les animaux rétifs et méchans doivent être exclus comme impropres à la reproduction, parce qu'ils transmettent ces vices à leurs produits. Un étalon entretenu à l'école royale vétérinaire d'Alfort, était méchant, et il a transmis son caractère à la plus grande partie de ses produits. On a recueilli en Angleterre, dit M. Grognier, des exemples de familles de chevaux très-distingués d'ailleurs, mais de père en fils vicieux et compromettant la vie de ceux qui étaient condamnés à les monter ou à les soigner. Mais pourquoi aller si loin chercher des exemples, n'avons nous pas été témoins d'un bien frappant? Tout Morlaix a connu l'étalon Renégat; eh bien! cet étalon n'a-t-il pas transmis sa méchanceté à la plupart de ses produits? Nous ne connaissons, pour notre propre compte, qu'une belle jument de cet étalon, qui n'a pas hérité des vices de son père : cette jument est Nina, appartenant à M. de Guernisac père.

Si la vache qui a avorté une fois peut être exclue de l'acte de la génération, nous ne pensons pas qu'il doive en être toujours ainsi pour la jument : une cause accidentelle peut bien lui avoir fait perdre son poulain, mais il n'est pas dit pour cela que les années suivantes elle ne donnera pas de très-beaux produits. Cependant nous voyons avec peine que les éleveurs en agissent autrement. Une jument, quelque belle qu'elle soit, quelques beaux que soient ses produits, vient-elle à ne pas retenir une seule année, ou à perdre son poulain, elle est aussitôt marquée du cachet de la réprobation et impitoyablement vendue et livrée à un marchand étranger; elle est répudiée et regardée comme indigne de respirer plus long-tems l'air pur de la Bretagne. Et cependant, combien de beaux poulains n'aurait-elle pas peut-être encore donnés!...

C'est ce qui occasionne la ruine de notre pays. Les beaux étalons sont vendus, étant encore poulains, et nos belles poulinières passent chez les étrangers, et à nous, que nous reste-t-il pour relever nos races? Des étalons tarés, d'une conformation vicieuse et de nulle valeur.

DE LA CONSANGUINITÉ.

On appelle appareillement de famille ou consanguinité, celui qui consiste dans l'accouplement du père avec la fille, du fils avec la mère, du frère avec la sœur; ces sortes d'unions ne répugnent pas aux animaux comme celles qui joignent des individus d'espèces différentes (beaudet et jument, cheval et ânesse.)

Buffon et Bourgelat proscrivent dans les haras les unions incestueuses, et bien long-tems avant ces auteurs, Varron avait défendu l'alliance du fils avec la mère. Voici un exemple qui est rapporté par M. Grognier : Les frères NN. de Bussigny, dit M. Levrat, vétérinaire à Lausanne, Suisse, possédant un grand troupeau de vaches, et voulant perpétuer une belle race de ces animaux, firent propager entr'eux les individus de la même famille, en alliant le père à sa fille, et le fils à sa mère ou à sa sœur : qu'est-il arrivé? C'est qu'après la seconde et surtout la troisième génération, les produits furent chétifs, au point que les veaux périssaient presque tous dans la première quinzaine de leur naissance. Il existe encore de cette famille une mère-vache, dont aucun veau n'a pu être élevé. Les mêmes propriétaires possèdent une belle race de porcs qu'ils ont gâtée en voulant la propager par le même mode.

C'est aussi cette consanguinité que nous reprochons aux étalons royaux. Le même étalon est conduit, tous les ans, dans la même contrée; au bout de deux ans, il saillit ses filles, et les petits qui en proviennent sont placés sous l'influence défavorable qui résulte par les appareillemens de famille.

Nous pensons qu'il serait convenable, pour éviter la consanguinité, de renouveler tous les deux ans les étalons que l'on mène dans une contrée, non en les réformant et en achetant d'autres à leur place; mais en les destinant à d'autres lieux. C'est ainsi que les étalons qui auraient fait la saillie pendant deux ou trois ans à S^t.-Pol-de-Léon, seraient conduits à Morlaix après ce laps de tems, et ceux qui étaient à Morlaix seraient par la même raison conconduits à S^t.-Pol.

Malgré les expériences, qui ont été faites par Bacthewel, cet éleveur fameux qui a créé par la consanguinité les races remarquables dont on lui doit la formation, M. Grognier dit que la consanguinité ne peut être admise que lorsque dans la famille qui se propage ainsi il n'existe aucun défaut. Cependant on a cru remarquer, continue-t-il, que la consanguinité, même dans les familles exemptes de vices essentiels, affaiblissait dès la deuxième ou la troisième génération, comme nous l'avons déjà démontré.

DE LA TAILLE DES REPRODUCTEURS.

Il est de règle générale que la taille des animaux que l'on emploie à la reproduction a dans chaque race un point d'accroissement assez fixe qu'il est rare de voir outrepasser. Cependant, comme dans quelques circonstances, elle peut éprouver des modifications, soit en-deçà, soit au-delà des limites naturelles ordinaires, il est bon de les connaître : Ce sont ces deux extrêmes qui constituent les nains et les géans ; ces animaux sont également à rejeter comme impropres à la propagation et à l'amélioration des races, parce qu'ils sont souvent inféconds : les premiers y sont impropres, par le peu de développement de leurs parties; les seconds y sont également pour le cas contraire, et parce qu'ils sont toujours d'un tempérament mou et lâche.

RÈGLES A SUIVRE
POUR UN BON APPAREILLEMENT.

Pour former un bon appareillement, il faudrait

se composer avec des animaux parfaits, c'est-à-dire, qui n'aient aucun défaut ; mais comme cette perfection ne se trouve pas dans la nature, il est bon de s'en rapprocher le plus possible, en balançant les imperfections de l'un avec la beauté de l'autre ; ainsi, par exemple, une jument pêche-t-elle par une tête trop lourde ou trop longue, il faut l'appareiller avec un étalon dont la tête et l'encolure ne laissent rien à désirer.

S'il y a plusieurs défauts à corriger, il ne faut pas les attaquer à la fois, mais successivement. Voici ce que M. Huzard fils conseille de faire en pareil cas : « Si une race, dit ce jeune et savant vétérinaire, » pêchait en même tems par des sabots défectueux » et une tête mal confectionnée, il ne faudrait s'oc- » cuper d'abord que des sabots, et renvoyer la cor- » rection des défauts de la tête, moins essentiels que » ceux qui ont leur siége aux sabots, jusqu'au mo- » ment où l'on serait parvenu à effacer ces derniers. »

DES CROISEMENS

ET DE L'INFLUENCE DÉFAVORABLE QU'EXERCENT LES ÉTALONS ROYAUX SUR LES RACES ÉQUESTRES BRETONNES.

Tous les animaux sont soumis aux influences des climats et de la nourriture des pays où on les élève. Cette influence peut être plus ou moins défavorable, et pour cela nuire aux qualités particulières qu'on cherche en eux. C'est dans le but de donner à une race des formes et des qualités qu'elle n'a pas, que l'on a imaginé d'unir à la race qu'on veut améliorer, la race étrangère qui présente sous tous les rapports le plus de chances de succès. Cette union de deux races différentes que l'on destine à la propagation, est désignée sous le nom de croisement; ainsi l'union d'un cheval normand et d'une jument bretonne est un croisement; les unions des étalons royaux avec nos jumens indigènes constituent aussi de véritables croisemens. Il est un principe qu'il ne faut pas perdre de vue dans les croisemens des races : ce principe consiste à exiger des reproducteurs étrangers que l'on introduit dans une contrée pour améliorer la race indigène, qu'ils soient appropriés aux formes et au genre de service des femelles qu'ils sont destinés à féconder.

Pour que nous puissions développer toute notre pensée, qu'on nous permette ici de poser une question : Les étalons royaux que l'on envoie tous les ans dans la Basse-Bretagne, sont-ils appropriés aux formes et au genre de service de nos races équestres bretonnes? A cette question, nous répondrons qu'il n'y a rien qui se ressemble moins que ces races d'animaux, et que par conséquent ils sont plus propres à dégrader nos races qu'à les améliorer.

Ce que nous avançons ici n'est point un fait erroné; c'est un fait positif que l'expérience constate tous les jours et que nous allons tacher de prouver. A quels services sont propres les étalons que l'on tient dans les haras? Au service de la selle et au service des voitures légères. A quel service sont destinées la plupart de nos jumens indigènes? Au service du gros trait (1).

Ceci posé, il nous est moralement démontré que les petits provenant de tels croisemens, seront des animaux manqués et tout-à-fait décousus. Ils n'auront ni l'élégance du père, ni les bontés de la mère (2). Pénétrons-nous bien d'une chose, c'est que les qualités que nous devons rechercher dans nos races domestiques doivent être appropriées à nos besoins et à nos jouissances; c'est pourquoi il nous faut des chevaux massifs comme des chevaux sveltes; des bœufs pour le travail, comme des vaches laitières. Le sol du département du Finistère et les productions végétales qu'on y trouve, offrent-ils des avantages pour la propagation de ces races? Oui, sur le littoral pour les chevaux massifs et non pour les chevaux fins; oui, sur les montagnes pour les chevaux fins et non pour les chevaux massifs.

---

(1) La race équestre de trait étant la plus nombreuse, c'est d'elle que nous parlons ici. Nous parlerons plus tard de quelques belles jumens carrossières qui malheureusement sont en très-petit nombre et qui méritent de notre part une amande honorable.

(2) Nous concevons que si on cherchait à améliorer la race équestre bretonne par des races qui auraient beaucoup d'analogie avec elle, on pourrait obtenir de très-bons résultats; mais ce que nous ne pouvons concevoir, c'est que l'on veuille améliorer cette race, en la croisant avec des étalons fins Anglais, Arabes, Limousins, etc., etc. Ces différentes races produiront des sous-races qui n'auront rien de commun entr'elles, et qui ne produiront elles-mêmes plus tard que des animaux de nulle valeur.

Une race svelte perdra ses belles formes, sa vigueur et sa vivacité dans les paturages gras et humides, et une race massive dépérira sur un terrain peu fertilisé. Que deviendraient un étalon boulonnais et un taureau normand sur les montagnes du département du Finistère? Ils dépériraient à vue d'œil. Pourquoi? Mais la raison en est toute simple, parcequ'ils ne trouveraient pas une nourriture suffisante pour subsister. Que veut-on maintenant dans les haras? Quel but cherche-t-on à atteindre? On nous l'a déjà dit, Croiser les jumens de trait bretonnes avec des chevaux fins pour obtenir une sous-race grande et légère, propre à la cavalerie.

L'administration des haras a cru bien faire en excluant les étalons de trait, et en les regardant comme impropres à l'amélioration de nos races indigènes; et c'est justement là que l'administration s'est trompée.... On veut agrandir la race bretonne!.... Mais comment y parviendra-t-on? Est-ce en important des étalons d'une taille colossale? Mais ces essais ont déjà été tentés et ils n'ont pas réussi; en veut-on des exemples? en voici :

M. Huzard père rapporte que des jumens fines des Deux-Ponts, ayant été alliées à des chevaux étoffés du Danemarck et de la Normandie, n'ont donné que des productions manquées dans leurs proportions, hautes de taille, mais décousues.

On voulut en Angleterre former des chevaux de

carrosses, dit M. Grognier, au moyen d'énormes étalons; on eût des extraits à poitrine étroite, à jambes longues, à larges ossatures, dont on ne put retirer aucun service.

Des essais pareils ont été fréquemment tentés en France, particulièrement pour les races équestres et bovines, et les résultats n'en ont pas été plus satisfaisans.

L'expérience démontre chaque jour que lorsqu'on croit avoir intérêt à agrandir une race, c'est par le choix des femelles volumineuses, par une surabondance de nourriture et de moyens hygiéniques qu'il faut procéder, non par l'emploi des étalons. Mais d'où retirera-t-on ces jumens? Les fera-t-on venir des pays étrangers? ou bien introduira-t-on en Bretagne une race toute améliorée, c'est-à-dire, étalons et jumens? On a vu des familles équestres normandes et limousines transplantées en Bretagne, n'y donner d'autres postérités que des bretons qui n'étaient pas même les plus beaux de ces races indigènes.

M. Damoiseau, Médecin-Vétérinaire à Paris, fut envoyé par le gouvernement français en Arabie, pour y chercher un certain nombre d'étalons et de jumens. Après un voyage pénible, et qui ne fut pas sans dangers pour lui dans ces contrées sauvages, il débarqua en France avec quelques bêtes de cette race orientale. Ces animaux furent placés, étalons et jumens, dans le parc de Versailles, à l'abri de toute mésalliance. Les premiers produits furent beaux ; mais dès la seconde et la troisième génération, ils ne produisirent que des chevaux français, et encore de qualité inférieure.

On veut rendre la race de trait bretonne plus légère !... Y pense-t-on? Mais les propriétaires ne le veulent pas, et ils ont raison. Ces chevaux ne peuvent leur convenir. Que veut-on qu'ils fassent de ces chevaux sveltes et légers, de ces chevaux de selle enfin? Est-il en leur pouvoir de les maintenir dans un état parfait d'amélioration? ces races ne dégénéreront-elles pas, étant soumises aux influences du climat, de la nourriture et du sol de la Bretagne? Et pour atteindre ce but on a cru devoir exclure des haras les étalons de trait et n'y conserver que les chevaux fins !...... Et c'est avec de pareils étalons que l'on se propose d'améliorer la race bretonne !.. L'Administration des haras n'a sans doute pas songé aux conséquences fâcheuses qui résulteraient par de telles alliances; car si elle l'avait fait, elle eût conservé les étalons de trait (1).

Pour appuyer notre opinion, nous allons encore fournir un exemple qui démontre évidemment qu'on ne peut espérer rien de bien de l'alliance des éta-

(1) Nous ne voulons pas parler ici de quelques belles jumens carrossières que l'on trouve dans le pays de Léon et particulièrement sur les bords de la mer, à Plouénan, Cléder, Plouescat, Lesneven, Plounéour-Trèz, Gouénou, Saint-Renan, etc. Ces belles jumens étant croisées avec de beaux étalons carrossiers, peuvent donner des produits qui seront propres à monter la cavalerie; nous faisons seulement allusion ici au croisement des étalons fins avec les fortes mères poulinières.

lons légers avec les grosses jumens bretonnes. Nous avons déjà dit que tout le monde, à Morlaix, a connu l'étalon le Renégat ; tout le monde par conséquent a été à même de juger que ce n'était pas un étalon de trait, mais un étalon fin. Eh bien ! combien de bons produits a-t-il fourni par son alliance avec nos fortes mères poulinières? Pas un seul !.... En achevant cette phrase, nous croyons entendre quelqu'un s'écrier : Mais vous êtes en contradiction avec vous-même; vous nous avez dit précédemment que Nina, la jument de M. de Guernisac père, était la fille du Renégat, et que vous la trouviez belle !... Oui, nous avons bien dit cela ; mais nous n'avons jamais considéré l'alliance de la mère de Nina avec le Renégat, comme un véritable croisement : nous l'avons considérée en quelque sorte comme un appareillement. Qu'on examine ces deux animaux, et l'on verra qu'ils sont à peu près de la même race, et que les formes de l'un ont beaucoup d'analogie avec les formes de l'autre ; aussi le produit de cette alliance n'a-t-il été ni manqué ni décousu, tandis qu'il est démontré par l'expérience qu'il n'en a pas été de même pour les produits du Renégat et de nos grosses jumens de trait.

Un vice auquel on ne fait pas assez d'attention et que l'on devrait s'empresser de réprimer, puisqu'il influe d'une manière très grave sur la reproduction de l'espèce, est le suivant :

Il est d'usage, dans le département du Finistère,

lorsqu'un propriétaire se présente dans un dépôt d'étalons, avec sa jument, que ce soit lui qui choisisse le mâle qui doit la couvrir. Qu'arrive-t-il dans ce cas? Qu'il donne souvent la préférence au mâle qui réunit le moins les caractères essentiels à l'amélioration de la race, c'est-à-dire, que souvent il choisira pour sa jument de trait un étalon de selle *et vice versa*. Que résulte-t-il de telles saillies? Que les petits qui en proviennent sont toujours mal conformés et décousus, et que, par conséquent, ils sont impropres, non seulement à rendre aucun bon service, mais encore à être destinés à l'acte de la reproduction. Nous pensons qu'il doit en être autrement, et que le choix du mâle à donner à la jument doit être fait par un inspecteur, qui, mieux que le propriétaire, saura distinguer celui qui lui convient le mieux. On nous objectera peut-être que l'exécution de ce que nous proposons est impossible, parce que le propriétaire ne le souffrira pas, et que si on ne veut pas donner à sa jument l'étalon qu'il désire, il la conduira à un étalon autre que celui du gouvernement. Ce serait un malheur, mais cependant nous ne pouvons qu'applaudir à cette mesure. L'étalon royal aura moins de jumens à saillir; il se fatiguera moins; il ne sera pas si sujet à se ruiner; il aura une plus longue durée, et ses produits, s'ils sont moins nombreux, auront du moins l'avantage d'être plus robustes et mieux conformés.

Ceci nous rappelle un fait que nous avons constatéjet que nous nous faisons un devoir de produire ici: il s'agit d'un cheval monstre, provenant, d'après le dire du propriétaire que nous avons interrogé à cet effet, du croisement d'un cheval limousin et d'une jument massive et de gros trait bretonne. Que l'on s'imagine un cheval léger et élégant, croupe arrondie, queue peu fournie de crins et placée haut, corps un peu allongé, garrot élevé et peu charnu, épaules sèches et inclinées, jambes sèches, tendons bien détachés, pieds bien faits, encolure rouée, et à l'extrémité antérieure de ce corps si joli et si mignon, une tête carrée, grosse, lourde et tout-à-fait bretonne.... Ce genre de monstruosité est heureusement très-rare; mais il en est d'autres qui sont malheureusement plus communs, ce sont, par exemple, lorsque les produits ont l'avant-main d'un cheval de trait et l'arrière-main d'un cheval de selle, etc., etc. Nous avons donc lieu de conclure, d'après tout ce qui précède; 1° que les étalons royaux n'offrent aucun avantage pour l'amélioration de nos races équestres bretonnes; 2° qu'ils y sont même plus nuisibles qu'utiles, puisqu'on donne indistinctement l'étalon de selle à la jument de trait, et l'étalon de trait à la jument de selle, et que de ces mésalliances résultent des produits mal conformés et de nulle valeur; 3° il faut tâcher de les améliorer par de bons appareillemens, en choisissant dans le pays les mâles qui réunissent le plus de chances de succès et par des croisemens judicieux, c'est-à-dire,

6

en choisissant encore les étalons étrangers qui réunissent en tout, quoiqu'à un degré supérieur cependant, les formes et les qualités qu'on désire faire acquérir à nos races indigènes (1) ; 4° ces étalons seront propres à la selle, au carrosse et au trait (nous sommes partisant de ces trois degrés, car nous savons qu'il faut satisfaire les goûts et les besoins de tous). Si l'agriculture a besoin de chevaux pour les charrois, le défrichement des terres, etc., le gouvernement n'en a pas moins besoin pour monter la cavalerie et pour le train d'artillerie. L'homme riche en a besoin aussi de plus légers et de plus élégans, tant pour son agrément que pour satisfaire ses goûts et ses caprices. Ces trois races de chevaux peuvent se rencontrer dans notre département. Pour parvenir à se les procurer, il faut adopter tout ce qui tend à relever et à maintenir leurs races, et rejeter tout ce qui tend à les abâtardir et à les faire dégénérer ; 5° sur le littoral seront conduits en plus grand nombre les étalons de carrosse et de trait. Quelques étalons de selle y seront aussi conduits, pour saillir seulement les jumens fines et avoir des chevaux de maître ; 6° les étalons de selle seront conduits de préférence sur les montagnes, pour saillir les bidettes.

---

(1) Ces étalons seront pris de préférence dans le Midi plutôt que dans le Nord. Pour ce qui est de la race équestre forte, il conviendrait, suivant nous, de la croiser avec les chevaux percherons. Les chevaux de cette race, outre qu'ils ont beaucoup d'analogie avec elle, en diffèrent cependant, par une croupe moins avalée et une tête moins camuse.

En adoptant la marche que nous proposons de suivre, nous croyons qu'il doit en résulter un grand bien pour le pays; on se procurera plusieurs bonnes races de chevaux qui pourront suffire aux besoins de toutes les classes.

CHOIX DES REPRODUCTEURS.

Que l'on adopte l'appareillement ou le croisement, ou l'un et l'autre à la fois, pour l'amélioration des races, il faut toujours se persuader que la première indication à remplir est de faire un bon choix des animaux que l'on destine à la reproduction, le second d'éviter les mésalliances.

La Guérinière a dit : Ce n'est que par négligence, le manque d'attention et le mauvais choix qu'on fait des étalons que nous sommes privés de l'avantage d'avoir des chevaux tels qu'on les désirait, soit pour la selle, soit pour les attelages. M. Grognier ajoute avec raison qu'il ne suffit pas de bien choisir les étalons, qu'il faut encore ne les donner qu'à des femelles de choix; et cette règle, rarement observée, s'applique à la production des autres espèces.

Nous avons déjà dit qu'exiger des reproducteurs une conformation parfaite est une chose impossible, puisqu'elle n'existe pas dans la nature; mais nous avons dit aussi, qu'on doit du moins chercher en eux les caractères les plus saillans de la race qu'on veut produire, maintenir ou améliorer.

CARACTÈRES DU BEAU CHEVAL ÉTALON.

Un beau cheval étalon doit présenter les caractères suivans : Capacité de la poitrine spacieuse, ce qui se détermine par la hauteur plutôt que la circonférence ; muscles et tendons bien dessinés, même chez ceux de gros trait ; ossatures proportionnellement plus petites ; poils fins et luisans ; crins doux, peu abondans même dans les races massives ; membres larges ; pieds bien conformés ; (ces caractères généraux à toutes les races équestres doivent aussi se trouver chez les femelles) ; corps un peu court ; garrot saillant ; haut du devant ; plus d'ampleur dans la tête ; l'encolure et les membres intérieurs qu'à la croupe et aux membres postérieurs.

CARACTÈRES DE LA BONNE JUMENT POULINIÈRE.

Outre les caractères généraux que nous venons de faire connaître pour le mâle, elle doit présenter les suivans : Corps plus allongé que celui du mâle ; garrot moins saillant ; croupe large ; ventre peu volumineux. Ce n'est qu'après plusieurs gestations que cet organe doit offrir à l'état de vacuité plus d'ampleur que chez le mâle.

CARACTÈRES DU BEAU TAUREAU ÉTALON.

Le beau taureau doit avoir les caractères qui

suivent : front large, tapissé, ainsi que la nuque, d'un poil crépu ; cornes courtes, pointues, luisantes, horizontales, disposées pour le combat ; protubérances qui les avoisinent très-saillantes ; yeux gros et noirs exprimant la vivacité ; une fierté sauvage, quelquefois farouche ; oreilles épaisses, velues, horizontales et mobiles ; encolure grosse, charnue et courte ; poitrail très-large et le fanon très-pendant ; corps ramassé ; cuisses peu volumineuses ; peau dense sur le poitrail ; poil luisant et doux au toucher.

CARACTÈRES DE LA BELLE VACHE.

Tête moins grosse que celle du mâle ; mufle beaucoup moins évasée ; poils du front et de la nuque ne différant pas de ceux du restant du corps ; œil doux, exprimant une physionomie féminine ; encolure plus longue et beaucoup moins forte ; corps plus long ; ventre plus volumineux, même dans la génisse et même à l'état de vacuité ; croupe beaucoup plus large ; hanches plus écartées ; cuisses longues et minces ; mamelles blanches, souples, moles sans être flasques ; pieds très-développés ; veines mammaires très-grosses et très-apparentes.

M. Grognier dit que les caractères d'une belle vache pour la reproduction sont les mêmes que ceux d'une bonne laitière.

AMÉLIORATION DES RACES ÉQUESTRES BRETONNES.

Serait-il avantageux pour le pays de chercher à

améliorer les races équestres bretonnes? A cette question, nous répondrons que tout ce qui tendra à relever ces différentes races et à leur donner des caractères améliorateurs, ne peut offrir qu'un bien inappréciable pour le pays. Mais comment parviendra-t-on à relever et à améliorer ces races? 1° En multipliant les fourrages, comme nous l'avons déjà dit, par une bonne culture; 2° en apportant la plus grande attention dans les appareillemens et dans les croisemens des races; 3° en faisant un bon choix des animaux reproducteurs; et 4° enfin, en empêchant, autant que possible, les mésalliances. Si l'on néglige l'une ou l'autre de ces conditions, les races, au lieu de s'améliorer, finiront toujours par se dégrader.

On obtiendra une bonne culture et un surcroît de fourrages, en défrichant les terrains incultes et en joignant aux bonnes prairies naturelles que nous possédons, des prairies artificielles. Mais, nous demandera-t-on, et les engrais pour ces terres, d'où les prendra-t-on? Si M. Jauffret ne nous a pas induit en erreur, la réponse est toute trouvée : Ces engrais, tout cultivateur pourra se les procurer et en douze jours, en employant la méthode ingénieuse proposée par ce savant agronome.

Tout le monde sait que M. Jauffret a fait son expérience à Neuilly, sous les yeux d'un grand nombre de propriétaires et de cultivateurs; qu'une commission a été nommée par la Société royale et centrale d'Agriculture, pour examiner son fumier, qui a été reconnu pour être de première qualité.

On nous a dit que cet engrais coûtera plus cher que le fumier ordinaire. M. Jauffret dit qu'il coûtera moins. Supposons qu'il coûte un peu plus que le fumier pris sur la place, il sera encore à meilleur compte, puisqu'on n'aura pas de frais de transport à payer, et qu'on aura la faculté de le faire chez soi et de le trouver au besoin. Formons des vœux pour que la méthode de M. Jauffret ne soit pas illusoire; le bien qui en résulterait pour notre pays serait incalculable. Dire alors qu'on ne peut améliorer les terres faute d'engrais, serait un prétexte qu'on ne pourrait plus admettre; il ne faudrait que des bras et de la bonne volonté pour rendre notre pays riche et notre agriculture florissante.

Nous avons déja fait connaître, en parlant de l'appareillement et des croisemens, la plupart de ce qui se rattache à l'amélioration de nos races équestres bretonnes; nous ne reviendrons plus sur des sujets déjà traités.

Nous nous bornerons ici à faire connaître qu'elle est l'influence qu'exerce le climat, le genre de nourriture et la nature du sol sur les différentes races équestres, suivant les contrées où elles sont élevées ou importées.

Le cheval nourri sur les montagnes où croît l'herbe courte, fine, plus tonique que substantielle, est svelte, de taille moyenne, même petite; il a les tendons et les muscles bien prononcés, les sabots petits, durs, la peau fine, les poils courts et soyeux, même aux extrémités; il est vif et plein d'ardeur, capable de soutenir long-tems une allure rapide. La race équestre légère se trouve dans ce cas.

Mais si la race équestre est nourrie sur les bords de la mer, sur un terrain, nonpas marécageux, car il deviendrait insalubre, mais seulement gras et humide, sa taille s'élèvera, ses formes deviendront massives, son ventre acquerra de l'ampleur, les extrémités seront courtes, les tendons mal dessinés, les sabots volumineux et mous, la peau s'épaissira; elle deviendra dure et se recouvrira de poils longs, grossiers, crépus, surtout aux boulets; sa marche sera lourde et lente; il s'éloignera d'autant plus du type de son espèce, qu'il se rapprochera d'avantage de celui du bœuf, et avec plus de force il pourra servir aux mêmes usages. Dans ce cas se trouve la race équestre bretonne forte.

Cette influence est plus marquée dans le jeune âge : on voit les poulains de la race équestre bretonne légère, transportés sur les bords de la mer, prendre des formes qui se rapprochent de celles des chevaux de trait de ces contrées, et des poulains de la race équestre forte, être transplantés dans la plaine d'Alençon, prendre la taille et la corpulence des chevaux normands, et être vendus en cette qualité.

Tout ce que nous venons de relater doit être pris en considération de la part des autorités et des cultivateurs, lorsqu'on se propose de maintenir et d'améliorer la race équestre.

AMÉLIORATION

DE LA RACE BOVINE BRETONNE.

On s'est demandé dans ces derniers tems si, dans le département du Finistère, il y aurait de l'avantage à chercher à améliorer la race bovine bretonne. Avant de répondre à cette question, il faut nous entendre sur un point et nous dire auparavant qu'elle est la race que l'on veut employer pour amener l'amélioration désirée. Que veut-on obtenir? Des animaux plus élevés que ceux que nous avons? Ce peut être un bien sur le littoral, ce serait un mal sur les montagnes. Les grands animaux dépériraient faute d'alimens, tandis que les petites vaches que l'on y voit maintenant trouvent assez de nourriture (quoiqu'il soit vrai de le dire, on ne sait où), pour donner du lait et du beurre excellent. C'est donc un moyen à rejeter comme n'offrant que des chances défavorables. Si l'on veut avoir une race bovine forte et robuste, il faut commencer par défricher les terres incultes et les cultiver, et quand on aura obtenu une grande quantité de bons fourrages, on pourra songer à ce genre d'éducation; d'ici là, tout ce que l'on fera sera en pure perte. Les mêmes inconvéniens n'auront pas lieu sur le littoral, car les fourrages y sont abondans, et par cela les grands animaux pourront se maintenir et s'améliorer; mais il existe dans la nature des races bovines qu'on peut ranger en deux grandes séries; dans la première se trouvent les bêtes bovines que l'on élève pour le travail : ce sont les *bœufs sans cornes, la race de Salers (Haute-Auvergne), la race d'Aubrai et la race de Ségalais (Romagne), celle du Quercy et du Limousin, la race Charolaise, les races Comtoises et la race Camargue;* dans la deuxième série sont les bêtes bovines qu'on élève pour leurs produits : *Les races Normandes, Gasconne, Flamandes-Françaises, dites du Nord, Cholette* (*Poitou*), *Flamande* ou *Hollandaise, Anglaises, Helvétiques* et *Allemandes.* Eh bien! laquelle de ces différentes races veut-on introduire dans le département du Finistère, pour améliorer la race bovine bretonne? Appartiendra-t-elle à la première série? Nous pouvons affirmer qu'elle ne réussira pas; car les bœufs ne travaillent pas sur les bords de la mer et dans les contrées où on les utilise pour les travaux des champs; on préférera quatre petits taureaux à deux énormes qui ne feraient que dépérir, par la seule raison que nous avons déjà fait connaître : ainsi ceux-ci sont encore à rejeter. Importera-t-on une des races de la deuxième série? Dans cette série se trouvent des races qui sont très-estimées par leur aptitude à s'engraisser et par le goût exquis de leur viande. Telles sont les races *Normandes, Gasconne, Cholette* et *Allemandes*; d'autres sont très-estimées par l'abondance de leur lait. Parmi celles-ci, il en est dont le lait est riche en *caseum* et d'autres en *biturum*.

Si l'on désire avoir des animaux propres à la boucherie, il faudra se servir de la race normande; mais alors on devra faire le sacrifice de notre excellent beurre et renoncer à une des branches les plus importantes de notre commerce; ce serait acheter trop cher l'amélioration de notre race bovine; notre pays y perdrait au lieu de gagner : les taureaux normands sont donc à rejeter.

Se servira-t-on de la race suisse? on aura une race élevée, qui fournira beaucoup de lait riche en fromage, mais pauvre en beurre. Une amélioration par cette race est donc encore à rejeter. Toutes ces particularités sont essentielles à connaître pour pouvoir faire un choix judicieux des mâles que l'on désire introduire dans notre département pour l'amélioration de notre race bovine; le tems, selon nous, où l'on pourra se livrer sans danger à ces croisemens n'est pas encore arrivé; il ne sera permis de se livrer à ce genre d'éducation que lorsque notre agriculture aura pris plus d'extension, et qu'elle aura atteint le degré de perfection qu'on désire lui faire acquérir. Ce n'est pas assez d'améliorer la race, c'est qu'après, il faudra la maintenir dans cet état d'amélioration, et l'on ne pourra jamais y parvenir tandis que les fourrages ne seront pas plus abondans qu'ils ne le sont aujourd'hui. Ce n'est donc pas par le croisement que l'on doit chercher à améliorer la race bovine bretonne, mais par des appareillemens convenables, en choisissant dans le pays les taureaux étalons, qui, sous ce rapport, présentent le plus de chances de succès. Cependant, si l'on voulait se livrer à des essais, il conviendrait de la croiser avec la race de Bray (Seine-Inférieure), dont on retire un beurre excellent, ou bien avec la race qui se rencontre dans la commune de Violay (département de la Loire), qui fournit le meilleur beurre qui se consomme à Lyon.

DISTRIBUTIONS D'ÉTALONS

ET DE MÈRES POULINIÈRES CHEZ LES PROPRIÉTAIRES.

Dans les départemens des Vosges, de l'Ain et dans plusieurs autres, les conseils-généraux votent annuellement des sommes pour l'achat des chevaux étalons, des taureaux étalons et des mères poulinières, lesquels sont placés chez des propriétaires, et confiés à leurs soins sous des conditions que les parties contractent mutuellement. Pour faire mieux connaître les avantages qui en résultent pour le perfectionnement et l'amélioration des races de ces achats et de ces distributions, nous croyons devoir produire ici la lettre que M. le préfet des Vosges écrivait à M. le président de la société des progrès agricoles; lettre que nous extrayons du Cultivateur. Qu'importe de quelle source viendront les renseignemens, pourvu qu'ils puissent éclairer et être utiles.

Voici cette lettre :

« Monsieur le président, par la lettre que vous m'avez fait l'honneur de m'écrire, le 12 de ce mois, vous me rappelez l'envoi que M. le ministre du Commerce m'avait fait précédemment des statuts de la société des progrès agricoles, pour être transmis à MM. les juges de paix et maires des chefs-lieux de canton de mon département. Je viens ici vous donner l'assurance que ces statuts sont parvenus immédiatement à leur destination. Je regrette que votre circulaire du 8 novembre aux conseils-généraux, ne m'ait été remise qu'après la clôture de la dernière session; j'aurais entretenu notre conseil-général des divers objets qui y sont traités; mais je n'omettrai point cette communication lors de la prochaine réunion.

Je ne dois pas toutefois vous laisser ignorer, M. le président, que depuis de longues années, le conseil-général s'occupe d'une manière particulière de l'agriculture. C'est ainsi qu'au moyen de fonds votés par lui, l'administration départementale a pu acquérir et placer chez des cultivateurs, un nombre assez considérable de chevaux étalons, de jumens poulinières, de taureaux étalons, pour reproduire et améliorer les races; qu'elle a distribué et distribuera encore des primes d'encouragement, aux propriétaires qui se livrent avec le plus de succès à l'éducation du cheval et du bœuf; qu'enfin elle s'est procuré des instrumens aratoires perfectionnés, qui, joints à ceux que le gouvernement a donnés à la société d'émulation du département, mettront les cultivateurs du pays à même d'en faire confectionner de semblables, et de rendre moins pénibles et plus productifs les travaux des champs.

L'instruction étant un des meilleurs moyens de favoriser les progrès de l'industrie agricole, le conseil-général a fondé douze demi-bourses dans l'école normale primaire de Mirecourt, afin de doter les communes rurales de bons instituteurs.

On doit aussi, depuis seize années, à ses votes successifs, l'entretien d'un service vétérinaire qui est confié à d'anciens élèves de l'école d'Alfort; les dispositions hygiéniques propres à prévenir les épizooties et à en arrêter les ravages, lorsqu'elles sont déclarées, sont confiées à leurs soins; ils sont en outre chargés de seconder l'administration dans toutes les mesures qu'elle croit devoir recommander aux cultivateurs pour améliorer les races de bestiaux.

Enfin le conseil-général affecte, chaque année, des sommes plus ou moins fortes à la société d'émulation pour la mettre à portée d'encourager et de favoriser les arts, parmi lesquels l'agriculture tient le premier rang. Vous reconnaîtrez par cet exposé, M. le président, que les intérêts agricoles ne sont point perdus de vue dans les Vosges; et je suis persuadé que le conseil-général se prêtera volontiers à toutes les améliorations que vous indiquez sur votre circulaire du 8 novembre, et à toutes celles que vous lui signalerez ultérieurement.

Veuillez agréer, etc.

Le Préfet des Vosges, H. SIMÉON. »

Nous sommes heureux d'apprendre que des mesures semblables sont prises dans un grand nombre de départemens, et que dans le département des Côtes-du-Nord, des sommes ont été votées pour l'achat de deux étalons et de vingt-deux jumens poulinières, et qu'à l'imitation des autres départemens, les animaux vont être placés chez les cultivateurs.

Nous aimons à croire que notre conseil-général et notre préfet ne resteront pas en arrière de ce qui se fait d'utile chez nos voisins, et que bientôt notre département aura aussi, comme le département des Vosges, des étalons et des mères poulinières, etc., etc.

Nous avons déjà dit que les animaux dont le département fait les frais d'achat, ne sont placés chez les cultivateurs que sous certaines conditions. Voici un modèle de bail pour le placement d'un taureau, que nous extrayons des Annales de l'agriculture française. Ce bail peut être modifié, suivant la race et le sexe de l'animal qu'on place.

❋

PRÉFECTURE DU DÉPARTEMENT DES VOSGES.

ARRONDISSEMENT DE NEUFCHATEAU,

COMMUNE D'ALLAINVILLE.

Bail pour le placement d'un Taûreau appartenant au département.

M. Louis Brenet, Preneur.

Le soussigné Louis Brenet, propriétaire à Allainville, canton de Chantenois, arrondissement de Neufchateau, déclare avoir reçu de l'administration un taureau étalon de l'âge de vingt mois, sous poil noir-pie, tête..... queue..... jambes..... sous les clauses et conditions suivantes :

1° Le preneur s'engage à traiter en bon père de famille le taureau étalon qui lui est confié, et à lui donner en état de santé ou de maladie tous les soins qui lui seront nécessaires ;

2° En cas de maladie, il en avertira sur le champ l'administration, et appellera le vétérinaire le plus voisin ;

3° Hors quelques circonstances graves, et qu'il appartient à la sagacité du preneur de juger, l'étalon ne pourra saillir plus d'une vache par vingt-quatre heures.

4° L'administration délivrera au preneur un registre à souche, sur lequel il sera tenu d'inscrire le signalement des vaches saillies, les noms, prénoms, profession et domicile de leurs propriétaires à qui un double de ce certificat sera remis.

5° Le prix du saut sera fixé par le conseil municipal de la station ;

6° Le preneur admettra de préférence au saut les vaches qui lui paraîtront saines et capables de donner de belles productions ;

7° Le taureau étalon ne pourra être attelé ; tous les trois mois le preneur fera un rapport au maire de sa commune du nombre de vaches saillies, de la santé du taureau et du nombre de veaux obtenus ;

8° En cas de non exécution des clauses ci-dessus, le preneur perdra ses droits à la conservation du taureau étalon et à l'intérêt qui lui est reservé en fin de bail, et il sera disposé du taureau en faveur d'un autre cultivateur ;

9° Si, pendant la durée du bail, le taureau périt sans que le preneur puisse justifier que la mort n'est pas la suite de sa négligence, celui-ci sera tenu de payer au département, à titre de dommages-intérêts, une indemnité qui pourra être portée à la moitié du prix de l'acquisition, et qui sera fixée par une expertise contradictoire ;

10° Le prix du saut appartient au preneur ;

11° A la fin du bail, qui durera deux ans, le taureau étalon sera bistourné au frais du preneur, qui sera tenu de l'engraisser pendant trois mois, après quoi le taureau sera vendu sur la foire du lieu le plus rapproché et adjugé au plus haut enchérisseur, en présence du maire de ce lieu et du vétérinaire de l'arrondissement. Le prix de la vente en sera partagé par moitié entre le preneur et l'administration ;

12° Dans le cas où il serait impossible de conserver le taureau pendant le tems fixé pour la durée du bail, à raison des dangers auxquels seraient exposées les personnes appelées à lui donner des soins, et où le taureau deviendrait impropre à la reproduction, le preneur ferait constater l'une ou l'autre circonstance par le maire de la commune, assisté de l'artiste vétérinaire de l'arrondissement, et la castration et la vente auraient lieu selon les formes indiquées dans l'article précédent. Le prix de cette vente serait également partagé entre le prenenr et le département, eu égard toutefois au tems où le taureau aurait été à la charge du preneur et à raison d'un 48me du prix de vente par mois de séjour.

Lesdites clauses et conditions acceptées par ledit soussigné, pour les deux années qui ont commencé à courir cejourd'hui.

Fait en double à Neufchâteau, le 22 octobre 1828.

EXTRAIT

DES REGISTRES DES DÉLIBÉRATIONS DU CONSEIL MUNICIPAL DE LA COMMUNE DE......,

Le Conseil Municipal, après avoir délibéré, a décidé que le prix accordé à M....., propriétaire en ladite commune, pour le saut du taureau étalon qu'il tient de l'administration, serait de........ pour chaque vache et pour...... fois seulement.

DES PRIMES.

D'après l'ordonnance sur les haras du 16 janvier 1825, des primes sont reservées aux propriétaires d'étalons qui étant approuvés, remplissent l'objet de leur destination; des récompenses de même genre doivent être accordées aux belles jumens suivies de leurs poulains, qui ont été saillies soit par un étalon approuvé et appartenant à un simple particulier, soit par un étalon royal.

Ces moyens d'encourager l'amélioration des animaux domestiques sont nuisibles, et par conséquent tout à fait inutiles. Nous allons le prouver : Une belle mère poulinière, suivie d'un très beau poulain, mais vide cette année, quoiqu'ayant été saillie par un étalon approuvé ou par un étalon royal, est présentée pour la prime; on lui en accorde une. On croit avoir encouragé cet éleveur. Eh bien! pas du tout; ce beau poulain est vendu depuis la veille, ou même le matin, à un marchand étranger, pour être conduit dans la Normandie; la jument est aussi vendue à un autre marchand du Poitou, pour être conduite dans le Midi. Pour les autres sont les profits et pour nous la perte. La Normandie profite de notre beau poulain; le Poitou profite de notre belle mère poulinière; le spéculateur profite de notre argent, et à nous, que reste-t-il? Rien.....

Ce n'est pas tout : une belle jument vient-elle à ne pas retenir, ou à perdre son produit par suid'une cause quelconque, vite on se met en campagne à la recherche d'un poulain, car à tout prix il faut obtenir une prime. Ce poulain trouvé est acheté et attaché à la queue de la jument ou conduit par une autre personne; les deux sont amenés pour la prime, et souvent cette jument reçoit une récompense pour avoir à côté d'elle un poulain qui n'est pas le sien !!!.... Quelquefois le propriétaire de la jument ne veut pas acheter le poulain; il le demande seulement en prêt, et le montant de la prime se partage par moitié entre les deux propriétaires...

Il en est de même pour les chevaux étalons. Voici un fait : Un cultivateur possède un étalon de quatre ans; il le mène pour chercher une prime; avant d'entrer en foire, un marchand se présente pour l'acheter; le propriétaire en demande 500 francs et ne veut pas le donner à moins; le marchand propose 450 francs et ne veut rien mettre de plus. Après bien des débats de part et d'autre, le propriétaire dit au marchand que le cheval lui sera livré pour le prix proposé, s'il obtient une prime; tandis que s'il n'obtient rien, il ne lui sera livré que pour 500 francs, car il veut avoir au moins 500 francs. Le marchand adhère à cette condition, quoique résolu à n'en tenir aucun compte, car il nous l'a dit : son intention était de ne pas le prendre, s'il ne lui était pas livré pour 450 francs. L'étalon va concourir et obtient une prime de 100 francs. Vous croyez maintenant que le propriétaire va garder son étalon?

Eh bien! pas du tout : Je ne voulais que 500 francs pour mon cheval, dit le propriétaire, j'en trouve 450; en joignant à cette somme les 100 francs de prime que je viens de recevoir, je suis censé le vendre 550 francs; c'est donc 50 francs que je gagne. Le marchand dit de son côté : ce cheval vaut bien 500 francs, je l'ai obtenu pour 450; c'est aussi 50 francs que je gagne. Et nous, qui avons donné 100 francs pour encourager cet éleveur et pour que cet étalon nous reste, qu'avons-nous gagné? Rien.... Que nous reste-t-il? Rien.... absolument rien!!... De telles vérités sont dures à apprendre, nous l'avouons; mais si l'on veut faire cesser des abus, il convient de les signaler, et c'est ce que nous faisons avec notre franchise ordinaire.

Des primes sont aussi distribuées aux pouliches de 3 ans. On croit encore bien faire et l'on fait mal. Il n'y a pour ainsi dire pas de pouliches de 3 ans dans le département du Finistère. Lorsque le 15 Octobre une bête de 3 ans 1/2 vous est présentée, vous la primez comme pouliche; mais ne savez-vous pas qu'elle n'est pouliche que de la dent; que souvent elle a eu un poulain et qu'elle en porte un autre? Pour vous convaincre de cette verité, demandez au propriétaire par quel étalon sa pouliche a été saillie, il vous le nommera sur le champ; il fera plus, il s'empressera de vous présenter la carte de saillie.

Nous voyons donc après cela que les distributions des primes n'atteignent pas le but que se propose le gouvernement, celui d'encourager l'élève des animaux domestiques : les primes doivent donc être abolies comme souverainement inutiles; car comme tous les propriétaires croient avoir droit à cette récompense, et que vous ne pouvez pas en décerner à tous, vous faites des mécontens et des jaloux, sans pour cela apporter aucun bien. Les bêtes primées ne seront pas moins vendues, si elles ne le sont d'avance. Si l'on a des primes à donner, qu'on les distribue aux étalons et non aux jumens; celles-ci n'en ont pas besoin; le propriétaire ne vendra pas sa jument, tant qu'elle lui fera des poulains; il ne s'en défera que quand elle ne produira plus. Il n'en est pas de même pour les mâles : si vous voulez avoir de bons et beaux étalons, il vous convient d'encourager les éleveurs, en leur accordant des primes assez fortes, pour que l'espoir d'un gain important les détermine à élever leurs beaux mâles. Ces primes, nous proposons de les distribuer dans l'ordre suivant :

Deux primes de 400 fr. aux deux plus beaux étalons de l'âge de 5 ans; trois primes de 300 fr. au trois plus beaux étalons de l'âge de 4 ans; trois primes de 150 fr. aux trois plus beaux étalons de l'âge de 3 ans. Ces primes ne seront payées que l'année suivante et lorsque les propriétaires représenteront leurs étalons.

En adoptant cette marche, on pourra atteindre le but qu'on se propose, celui de conserver dans notre département nos étalons indigènes. Le propriétaire d'un étalon de 3 ans, par exemple, aura intérêt à le conserver et à le ménager, puisqu'il ne recevra la prime que l'année suivante, c'est-à-dire, lorsque son étalon marquera 4 ans; de plus, cet étalon qui aura été primé une première fois, pourra l'être une deuxième et même une troisième. Et comme ces primes vont toujours en augmentant, le propriétaire ne vendra son étalon qu'après l'âge de 6 ans.

Si, dans le courant de l'année, l'étalon vient à mourir, le propriétaire devra en faire la déclaration au maire de sa commune, qui en transmettra communication à M. le S.-Préfet. Ce dernier ordonnera au médecin vétérinaire de l'arrondissement de se transporter sur les lieux pour constater le genre de mort et en faire son rapport; dans ce cas, la prime devra toujours être délivrée au propriétaire. Si l'on juge au contraire qu'il ne convient pas de primer les étalons, il serait peut-être bon de suivre l'exemple de plusieurs départemens, en votant des sommes pour leur achat et en les plaçant chez les cultivateurs (Voyez des distributions).

DES SOCIÉTÉS VÉTÉRINAIRES.

Dans plusieurs départemens on a reconnu la nécessité de former des sociétés vétérinaires. Les départemens de la Manche et du Calvados en comptent aujourd'hui, et le bien qu'elles produisent se fait déjà sentir. Les vétérinaires qui les composent servent d'intermédiaires entre l'administration et les propriétaires; ils sont d'autant plus utiles que les cultivateurs entendent leur langage; ils ont pour fonctions de détruire les préjugés généralement trop répandus, en propageant des méthodes rationnelles, en prévenant ou arrêtant les maladies contagieuses. Ces sociétés ont leurs réunions dans les lieux où se tiennent les grandes foires. Là, les questions les plus abstraites, tant sur l'art de guérir que sur les moyens à mettre en usage pour la propagation et l'amélioration des animaux domestiques et sur la manière de les conserver en santé (hygiène), sont traitées avec méthode et lucidité dans des rapports et des mémoires que chaque membre lit sur ce qu'il a recueilli et observé d'important depuis la dernière réunion. Ces vétérinaires s'instruisent les uns par les autres, et les nouvelles lumières qu'ils acquièrent sont autant de moyens rationnels utilisés pour tous.

Le département du Finistère compte aussi depuis deux ans un service vétérinaire, qui est confié à trois médecins vétérinaires, tous anciens élèves de l'école royale d'Alfort : l'un deux réside à Quimper, un autre à Landerneau, et le troisième à Morlaix.

Nous aimons à croire que bientôt notre département comptera aussi une société vétérinaire; nous appelons de tous nos vœux le moment de sa création, persuadé que nous sommes de l'immense utilité qui en résultera pour le pays et pour l'agriculture.

RÉSUMONS.

1° L'état de l'agriculture dans le département du Finistère n'est pas aussi perfectionné que dans plusieurs autres départemens.

2° Les terres sont mieux cultivées sur le littoral qu'elles ne le sont sur les montagnes où l'on ne trouve, pour ainsi dire, que des terrains incultes.

3° Le département compte trois principales races équestres, et une race bovine très-estimée pour l'excellent beurre qu'elle fournit.

4° Les races équestres se dégradent d'une manière sensible; ce qui est dû à la pénurie, à la chétivité de nos étalons et au peu de soins que l'on prend à former de bons appareillemens et de bons croisemens.

5° La pénurie et la chétivité de nos étalons ne peuvent être révoquées en doute.

6° Si l'on veut relever nos races indigènes, il faut choisir d'abord et élever les plus beaux mâles de nos races, pour les appareiller avec des jumens dont les formes seront en harmonie avec les leurs.

7° Faire venir du Midi plutôt que du Nord les étalons pour croiser nos races indigènes.

8° Faire en sorte que ces étalons ne soient point affectés de maladies héréditaires ni de vices transmissibles.

9° Eviter les appareillemens de famille et les mésalliances, en ne donnant pas le père à sa fille, le fils à sa mère et à sa sœur, l'étalon de selle à la jument de trait *et vice versa.*

10° Abolir les distributions de primes, comme étant inutiles et nuisibles.

11° Ne primer que les étalons, ou ce qui vaudrait peut-être mieux, les acheter aux frais du département, et les placer chez les cultivateurs, ou bien encore leur donner des primes d'entretien.

12° Les primes ne devront être payées que l'année suivante.

13° Il n'est pas encore tems de songer à l'amélioration de notre race bovine; il ne conviendra de se livrer à ce genre d'éducation que lorsque les méthodes agricoles seront perfectionnées, et lorsque le pays fournira une plus grande quantité de fourrages.

14° Enfin, former une société vétérinaire, dont le point central sera à Quimper. Les membres qui la composeront seront tenus de faire connaître, par des rapports, ce qu'ils auront eu occasion de remarquer de plus important dans les arrondissemens qu'ils seraient appelés à surveiller: les avantages qui en résulteraient pour le pays seraient immenses.

RAPPORT

Fait par le Général Comte DE TROMELIN, *au nom de la Commission chargée par le Société d'Agriculture de Morlaix, d'examiner le Mémoire de M.* ÉLÉOUET, *sur les moyens à employer pour améliorer les Races Équestres et la race Bovine dans le département du Finistère, et lu dans la Séance du 4 mars 1837.*

MESSIEURS,

Vous m'avez chargé d'examiner l'intéressant Mémoire que vous a lu M. Éléouet, Médecin-Vétérinaire de l'arrondissement, dans la séance du samedi 18 février, et vous en avez ordonné l'impresssion.

Ce Mémoire qui jette une vive lumière sur la situation des races équestres et de la race bovine du département, répond pleinement aux questions qui vous sont adressées par M. le Préfet, dans sa lettre du 26 janvier dernier, en vous demandant votre avis sur le meilleur emploi à faire des huit mille francs votés par le conseil-général, pour encourager l'élève des chevaux et l'amélioration de la race bovine.

Nous vous proposons en conséquence d'en adresser une copie à M. le Préfet, comme, la meilleure source où il pourra trouver les renseignemens dont il a besoin. Nous y ajouterons quelques notes en forme d'observations.

En ce qui touche les améliorations désirées dans l'élève de la race bovine, nous pensons, avec l'auteur du Mémoire, qu'il convient, quant à présent, de nous en tenir à la race indigène, renommée par la bonne qualité de son beurre, sans chercher des croisemens qui, en élevant l'espèce, ne seraient plus en harmonie avec la nourriture dont nos cultivateurs peuvent disposer. C'est donc vers l'amélioration de nos fourrages que nos efforts doivent tendre; surtout vers cette régénération de nos prairies naturelles, dont l'état laisse beaucoup à désirer et où tous les élémens de prospérité existent: sol de première qualité en humus pur, plan assez incliné pour être soumis à des irrigations bien entendues, expositions souvent assez heureuses pour que les coupes d'herbes en graminées de choix se reproduisent presque toute l'année.

Beaucoup d'essais ont été tentés sans de grands résultats, dans le but d'améliorer nos races équestres; des primes d'encouragement ont été accordées aux plus belles poulinières et à leurs produits, ainsi qu'aux étalons approuvés, entretenus par des particuliers, sans que ces mesures aient produit de grands avantages : aussi partageons-nous l'opinion de M. Éléouet, et nous pensons avec regret que les primes, telles qu'elles sont distribuées, loin d'atteindre le but qu'on s'était proposé, ont été l'occasion de fraudes graves, dont plusieurs sont signalées dans ce Mémoire.

En démontrant ces abus, l'auteur propose le moyen de les prévenir, et votre commission, en applaudissant à sa franchise, pense également que le premier pas à faire dans la voie du progrès, serait de supprimer ces primes, telles qu'elles sont distribuées, pour en employer le montant à l'entretien d'étalons approuvés. Ces étalons seraient confiés, à de certaines conditions, à des propriétaires probes et éclairés. Cette opinion est fondée sur un fait qu'on ne peut nier. Le département possède un grand nombre de jumens propres à la reproduction et manque absolument d'étalons. Ceux du gouvernement, insuffisans aux besoins du service, sont généralement ou vieux, ou mal assortis aux races que nous possédons : aussi sont-ils peu recherchés par les éleveurs, tellement que les maires n'ont pas trouvé à placer, l'année dernière, tous les billets de saillies gratuites, mis à leur disposition.

Les étalons qui appartiennent aux particuliers sont jugés par tous les connaisseurs, ne pas posséder les qualités nécessaires pour espérer une amélioration sensible dans leurs produits. Ce fait tient à une habitude difficile à détruire : elle est fondée sur la nécessité, pour beaucoup d'éleveurs, de se défaire de leurs poulains avant qu'ils aient atteint l'âge où ils seraient propres à la reproduction ; ainsi ceux qui donnent le plus d'espérances pour l'avenir, sont enlevés par les Normands et les Poitevins, avant l'âge de la reproduction.

Nous devons donc insister sur l'urgence d'avoir recours à ces anciennes provinces, pour y reprendre nos bons poulains, devenus chevaux : ce qui serait faire revenir les bonnes races à leur source, seul moyen et d'en renouveller le type et de le perpétuer. Le Mémoire de M. Éléouet contient tous les renseignemens utiles sur les accouplemens et les croisemens désirables pour atteindre ce but. Mais pour que les particuliers puissent se charger fructueusement de l'achat d'étalons approuvés, il faut que la prime d'entretien soit proportionnée aux risques qu'ils auraient à courir et aux dépenses occasionnées par les achats. Cette prime ne saurait donc jamais être au-dessous de trois-cent-cinquante à quatre-cents francs, en réservant toutefois certains droits de surveillance, qui assureraient leur conservation et leur bon emploi.

M. Éléouet ayant observé avec raison que la dégénérescence résulte principalement des accouplemens mal assortis, il nous semble nécessaire de donner la surveillance des étalons approuvés à des hommes instruits, qui seuls désigneraient les jumens convenables à certains étalons, et les billets de saillies gratuites ne seraient accordés qu'à cette condition.

Nous pensons encore qu'il conviendrait d'appeler des médecins vétérinaires de chaque arrondissement à coopérer avec des commissaires pris parmi les propriétaires, aux mesures de surveillance que nous croyons utile d'exercer sur le bon entretien et l'emploi des étalons approuvés, auxquels on accorderait des primes. Nous soumettons ces observations à l'administration.

(A) La Commission ne partage pas en entier, sous le point de vue commercial, l'assertion de l'auteur, quand il avance que c'est un malheur pour le département, de voir enlever par les Normands nos poulains, avant qu'ils aient atteint l'âge adulte. Il lui a semblé, au contraire, que cette vente de poulains, qui est une nécessité imposéee par le défaut de logement dans presque toutes nos fermes, est une source de prospérité pour le pays. Trouvant à vendre ses productions équestres, à tout âge, depuis celui de *laitron*, le cultivateur, pressé par son propriétaire ou par son percepteur, ne peut s'estimer que très heureux d'avoir le moyen de faire de l'argent à l'une ou l'autre de ces réquisitions, souvent à toutes les deux à la fois. Cependant nous ne mettons pas en doute que si l'état des bâtimens ruraux le permettait, ceux de nos cultivateurs aisés qui verraient de l'avenir dans leurs productions chevalines, ne prissent le parti de les garder jusqu'à l'âge adulte.

(Voyez Pénurie et Chétivité du Bétail, page 15.)

(B) Tout en convenant avec M. Élèouet de la dégénérescence de la race équestre dans ce département, nous ne pouvons l'attribuer à l'obligation où sont les éleveurs de vendre leurs poulains aux marchands étrangers, mais bien à l'insuffisance de beaux et bons étalons, et aux croisemens vicieux qui existent.

C'est à l'administration, nous le pensons, à chercher les moyens de procurer au département le nombre et la qualité d'étalons nécessaires pour produire les meilleures races. Cette première mesure dans la voie de l'amélioration, nous paraît d'autant plus urgente, que nous sommes, sans aucun doute, le pays de France le plus riche en jumens.

(Voyez Pénurie et Chétivité du Bétail, page 15.)

❋

Errata.

Page 3, ligne 16, *au lieu de* plus savant que les anciens, *lisez* plus savants que les anciens.

Page 8, premier titre, *au lieu de* RACE ÉQUESTRE, *lisez* RACES ÉQUESTRES.

Page 13, ligne 7, *au lieu de* à l'étude, *lisez* à l'élève.

Page 14, ligne 18, *au lieu de* quelquefois d'un rouge clair, pelage, *lisez* pelage, quelquefois d'un rouge clair.

Page 16, ligne 11, *au lieu de* l'état déplorable auquel, *lisez* l'état déplorable dans lequel.

Pages 31 et 32, *au lieu de* Bacthewel, *lisez* Backewel.

Page 33, ligne 1, *au lieu de* se composer, *lisez* le composer.

www.ingramcontent.com/pod-product-compliance
Lightning Source LLC
LaVergne TN
LVHW050425160826
845677LV00002BA/545

* 9 7 8 2 3 2 9 6 9 4 6 6 5 *